上幼稚園必學的生活知識

新雅文化事業有限公司
www.sunya.com.hk

學校

這本書屬於

_____

你想學什麼？

你和你的家人

4 　認識自己
6 　我的家人
8 　你今天感覺如何？

禮貌和生活自理

10 　應有的禮貌
12 　穿衣小提示
14 　選擇合適的衣服
16 　清潔身體
18 　潔白的牙齒
20 　上洗手間
22 　睡前習慣

健康生活

24 　奇妙的身體
26 　快樂的心情
28 　美味的食物

環保意識

30 　認識宇宙
32 　愛護地球
34 　寶貴的生物

安全意識

36 　注意安全

唱遊活動

38 　親子唱遊
40 　邊唱邊學

我長大了

42 　交朋友的方法
44 　我會做的事
46 　你好，學校！

認識自己

這個世界上只有一個你，你是獨一無二的。你的眼睛、你的鼻子、你的嘴巴、你的耳朵都跟別人不一樣，你是多麼特別的。

世界上沒有人是跟你一模一樣的。我們每個人都有不同的面孔和身體，而且性格和愛好都各有不同。

你是非常獨特的，與眾不同，沒有人可以代替你。

無論你的樣子長得如何，你都是爸爸媽媽最愛的小寶貝。

你最愛的玩具是什麼？你最要好的朋友是誰？每個人的喜好都不同，你可以選擇喜歡哪些人和事物。

從你對待別人的態度，可以知道你是一個怎樣的人。你親切地對待家人和朋友，便代表你是一個友善的人。你是一個友善的人嗎？

試試以下的練習方法：

你會寫自己的名字嗎？

練習一下寫自己的名字，學會它們的筆劃吧。

用原子筆或鉛筆寫在紙上。

用手指在空氣中比劃。

在有霧氣的鏡或窗上畫出來。

用小石頭拼砌。

用泥膠搓捏。

用樹枝寫在沙上。

我的家人

你的家人會照顧你，讓你感到安全，無論發生任何事都依然愛你。

我跟爸爸和媽媽住在一起。

我的家有爸爸、媽媽、兩個姊妹和三個兄弟。

我跟爸爸、媽媽和婆婆住在一起。

我和媽媽一起住，弟弟和爸爸同住。

每個家庭都是**不同和獨特**的。

爸爸、媽媽和爺爺一起照顧我和哥哥。

我和妹妹跟媽媽同住。

新成員

你家裏有剛誕生的寶寶嗎？恭喜你！你可以試着跟寶寶做這些事情，和他們成為好朋友：

- 抱抱寶寶
- 跟寶寶玩耍
- 為寶寶說故事
- 跟寶寶說說話

寶寶仍不會說話，只能以哭泣來表達自己。但他們在學懂說話之前，已經能明白一些詞語的意思，所以跟寶寶說話吧，這樣可以幫助他們學習得更快。

你今天感覺如何？

你每天都會經歷不同的事情，因此會有不同的感覺。一起來認識這些感覺，讓你能更了解自己。

開心

興奮

疲倦

表情遊戲

猜猜你身邊的人今天感覺如何。你是怎樣知道的？

嘗怕

平靜

我很害羞！

有時你會感到害羞，好像說不出話來。不要緊，你只需要深深吸一口氣，勇敢地把話說出來。慢慢練習，你就能建立起更多的自信。

緊張

憤怒

當我很不開心時，我的情緒好像想爆發出來！這時，我會深深吸一口氣，慢慢平靜下來，然後說出我的感受。

看看這些表情，你能想到在什麼情況下，你會有這些感覺呢？

寂寞

傷心

暴躁

尷尬

眼淚是什麼？

眼淚是帶點鹹味的水滴，從眼睛流出來。人們在傷心或受傷的時候會哭，但有時開心或大笑的時候也會哭。真奇怪！

應有的禮貌

待人有禮能讓人知道你關心他們的感受，有禮貌的孩子能令身邊的人都展露笑容！

你好！
很高興認識你。

跟別人打招呼時可以説「你好」。

請求別人幫忙時，要友善地説「麻煩你」或「請」。

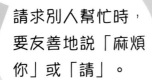

麻煩你，
可以幫幫我嗎？

謝謝你！
我很喜歡這份禮物！

説「謝謝」來表示你對別人的謝意。

如果你需要打斷別人的說話，或想讓他們留意到你，要說「不好意思」。

再見！
遲些見！

離開的時候，別忘了說「再見」。

不好意思！
這件事非常重要。

真的非常、非常**對不起**，我知道我令你傷心了。

道歉表示你知道自己做錯了，以後不會再這樣做。

緊張的傻笑

許多小朋友在被人責備的時候會傻笑，這是因為他們感到尷尬。如果你也遇上這樣的情況，不用緊張，耐心聆聽別人的教導吧。

將**雙腳**穿過**內褲**的兩個小洞，記得一隻腳一個洞啊！

將**襪子**穿在腳上

穿衣小提示

來看看如何正確地穿上衣服吧。

左

右

手套戴在耳朵上嗎？

不！手套要戴在手上！

從這個方向穿上鞋子。

將腳放進這裏！

也許一開始你會覺得綁鞋帶很困難，你可以先請別人示範數次。只要多練習，你很快便能夠自己綁鞋帶了！

鈕扣和拉鏈

你只要把鈕扣穿進扣眼裏，便能把衣服扣好。至於拉鏈，就要在拉鏈底部對準位置，然後由下往上拉。

拉鏈是由許多個小齒組成的。只要將拉鏈的滑塊往上拉，便能把小齒們縫合在一起。

留意衣服上的標籤位置，它應該在衣服的背後，這樣你便能正確地穿上衣服。

穿衣前，你可以先把衣服放在牀上，確保衣服沒有內外反轉後才穿上。

選擇合適的衣服

記着要按照季節和天氣來選擇適當的衣服。
你今天會穿什麼衣服呢？

春天

春天天氣和暖，有時會下着微雨。你能找到**雨衣**、**雨靴**、**雨傘**和**雨帽**嗎？

夏天

夏天陽光普照，天氣炎熱。你能找到**太陽帽**、**太陽眼鏡**、**短褲**、**T恤**和**涼鞋**嗎？

秋天

秋天天氣乾爽，涼風陣陣。你能找到**毛衣**、**圍巾**、**長褲**和**鞋子**嗎？

冬天

冬天很寒冷，有些地方還會下雪呢。你能找到**靴子**、**大衣**、**冷帽**和**手套**嗎？

清潔身體

請跟着這些方法做，你就可以確保自己時刻都像花兒那樣清新芳香。

細菌是一些很微小的東西，但卻可以讓你感到很不舒服。

為什麼你要保持身體清潔？

乾淨的身體不會散發臭味，也不會令你感到痕癢，而且還可以讓細菌遠離你。

預備紙巾！
擤鼻涕時先合上嘴巴，然後用盡全力從鼻子噴氣，將鼻涕噴到紙巾上。

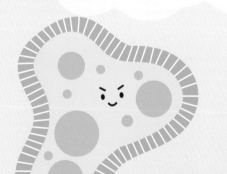

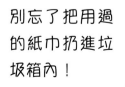

別忘了把用過的紙巾扔進垃圾箱內！

別讓細菌隨處走！
咳嗽的時候要掩着嘴巴，之後要記得洗手，避免將細菌傳染他人。

洗手！

用水和肥皂洗手，就能保持雙手清潔，遠離細菌。吃飯前記得要先洗手！

剪指甲

你的指甲會不斷生長，記得定時修剪指甲，保持整潔。

洗澡

在洗澡的時候，你要用肥皂來清潔自己。當然，你也可以一邊洗澡，一邊唱歌，這樣洗澡就更有趣了！

梳頭髮

用梳子梳理頭髮，頭髮便不會亂成一團。

洗髮水能使頭髮乾淨亮澤。洗頭髮的時候記得要合上眼睛！

潔白的牙齒

牙齒需要你的悉心照料，才能保持健康亮白。每天你要刷牙兩次，每次刷兩分鐘。

我是前面的**門牙**。我鋒利的齒邊可以切開食物。

牙醫是專門為牙齒治病的醫生。他們會檢查和清潔牙齒，確保你的牙齒健康。

我是旁邊的**犬齒**。我的形狀尖尖的，可以把食物撕開。

搖晃的牙齒

我是後面的**臼齒**。我可以把食物磨成碎塊。

當你準備好換恆齒的時候，你的乳齒就會掉下來。這樣，你的恆齒就有足夠位置長出來了。

為什麼要刷牙?

細菌會在牙齒上形成小小的洞,造成蛀牙,讓你感到疼痛。刷牙能保持牙齒清潔,防止蛀牙。

甜的食物會傷害牙齒,例如汽水和糖果。

刷牙齒的正確方法

1 擠一丁點牙膏在牙刷上。

2 將牙刷放到牙齒上,上下擺動來刷牙。

3 持續刷牙兩分鐘,先刷全部牙齒的外側面,再刷內側面,最後刷臼齒的咀嚼面。

4 吐出牙膏並漱口,然後沖洗牙刷。

5 完成了!你的牙齒乾淨潔白,口氣清新。

別忘了清潔牙齒之間的縫隙!

上洗手間

是時候戒用尿片，學懂自己上洗手間了。

如果你要上洗手間，千萬別等到最後一刻才去。

學校或餐廳等地方的洗手間，可能跟家裏的洗手間很不一樣。如果你不肯定怎樣使用，就問問大人吧。

1 坐在廁盆上。

2 尿尿或便便。

3 用衞生紙抹乾淨。

4 沖水！

5 洗手。

記住要用肥皂和水洗手。（每一次都要！）

如果你不小心尿褲子，就請大人來幫你清理乾淨。

每個人偶然也會遇上一些意外，特別是當你剛剛戒用尿片的時候。別太擔心！

每天晚上睡覺前，記得先上洗手間啊。

尿牀意外

如果你在睡覺的時候尿牀了，這不是你的錯。許多小孩子都會尿牀，你不需要覺得尷尬。長大後，你就慢慢不會再尿牀了。

睡前習慣

準備睡覺了！睡覺前，你要先做哪些事情呢？

跟着虛線，做好睡前準備吧。

蓋好被子

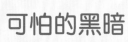
說晚安

關燈

可怕的黑暗

關燈後，四周變得黑漆漆，可能會讓你感到害怕。如果家中沒有小夜燈，你可以提醒自己正睡在牀上，非常安全呢。

穿上睡衣

刷牙

聽牀邊故事

上洗手間

做個美夢！

把這些事情都做好後，我便可以安心睡覺了。

23

奇妙的身體

你的身體由不同部位組成，從頭頂到腳趾，每個小部位都很重要呢！

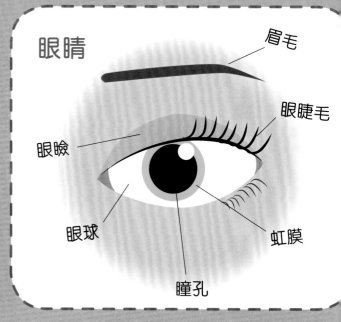

眼睛

眉毛
眼睫毛
眼瞼
眼球
虹膜
瞳孔

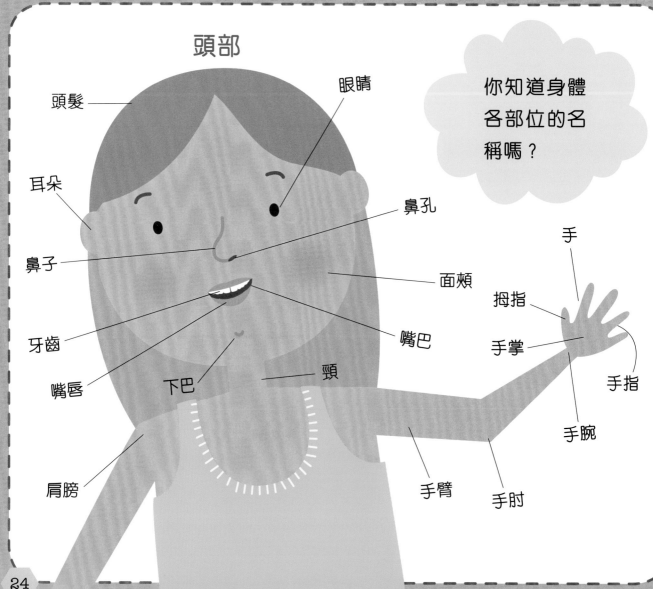

頭部

你知道身體各部位的名稱嗎？

頭髮
眼睛
耳朵
鼻孔
鼻子
面頰
牙齒
嘴巴
嘴唇
下巴
頸
肩膀
手臂
手肘
手腕
手掌
拇指
手指
手

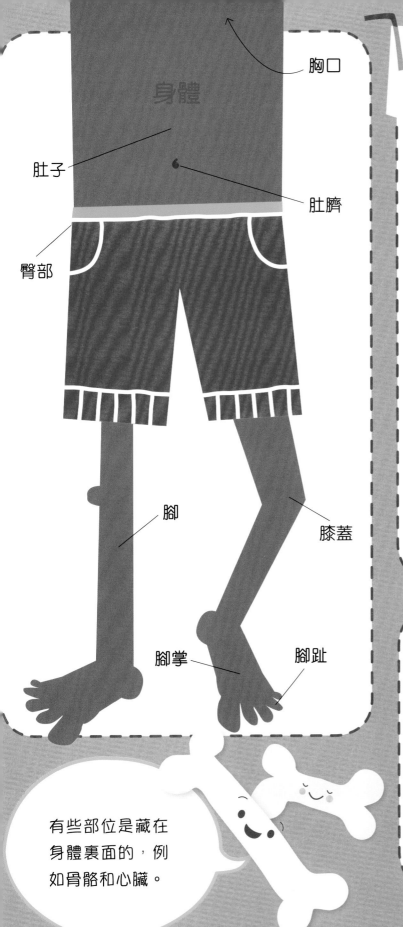

身體

胸口

肚子

肚臍

臀部

腳

膝蓋

腳掌

腳趾

有些部位是藏在身體裏面的，例如骨骼和心臟。

吃得健康

你需要吃不同種類的食物，才能保持身體健康強壯。每天你都應該要吃以下的食物：

- 許多穀物類食物，例如**麪包**或**米飯**。

- 許多**水果**和**蔬菜**。

- 一些含蛋白質的食物，例如**肉類**、**雞蛋**或**豆**。

- 少許油、鹽、糖類的食物。

動動身體

你可以透過跑步、跳躍、跳舞來鍛煉身體，要多做運動才能保持強壯。

快樂的心情

保持快樂的心情，就是最棒的！

什麼事物會讓你感到快樂？

聽故事

擁抱

布偶

畫畫

充足的睡眠

你的身體和腦袋都需要休息，這樣才能有充足的精神面對新一天。一般來說，小孩子每晚大約要睡10-11個小時。

寵物

家人

交朋友

想一想，有哪些人和事能給你開心的感覺？把所有會讓你快樂的東西都畫下來吧。

玩耍

沒有人可以時刻都保持快樂，有時候人也會感到傷心的，但你可以盡量令自己保持輕鬆愉快！

運動

美味的食物

世界上有各種各樣的食物，為我們的
身體提供營養。你最喜愛哪些食物呢？

麵條

番茄

翠玉瓜

西蘭花

紅菜頭

椰菜花

紅蘿蔔

荷蘭豆

辣椒

粟米

馬鈴薯

麵包

米飯

番薯

橙

草莓

葡萄

橄欖油

菠蘿

蘋果

西瓜

黑莓

奇異果

魚

牛奶

蜜糖

肉

雞蛋

我們所吃的食物，都是來自植物或動物的。

認識宇宙

在廣闊的宇宙裏，我們身處的地球只是一顆很小的行星。

太陽

月球圍繞着地球轉動。

水星

金星

地球

火星

我們就是住在這裏！

太陽其實是一顆恆星，一個燃燒着氣體的大圓球。

在晚上抬頭望向天空，你也許能看見遙遠的星星和其他星球。至今還沒有人知道宇宙有多大，可能是無限大呢！

宇宙包含所有的東西，包括時間、空間，以及其中的一切事物。

有時候，你能在夜空中看見火星和其他星球。它們距離地球很遠，所以看起來很細小。

木星

土星

天王星

海王星

在整個宇宙裏，地球是唯一一個我們知道有生物（例如你）存在的星球。

我們的太陽系
八顆行星圍繞着太陽轉動，地球是其中一顆，組成了我們的太陽系。

愛護地球

　　地球照料着我們，為我們提供了食物、水和能源，但地球的資源不是無窮無盡的。我們要愛護地球，珍惜資源，減少產生垃圾，不要讓它受到傷害。

你也有能力保護地球。

紙張、紙皮、玻璃、部分金屬和塑膠都可以回收，循環再造。

換句話說，這些資源可以循環再用，不會被當成是垃圾般丟掉！太好了！

試試自己種植一些蔬果，或選擇購買在本地或鄰近地區生產的食物。

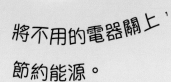

將不用的電器關上，節約能源。

愛護小動物，不要傷害牠們。

我可以怎樣幫忙呢？

種植樹木，因為樹木可以令空氣更清新。

廢物回收。

以走路或踏單車來代替乘坐汽車，以減少使用燃油。

寶貴的生物

世界上有許多不同種類的動物和植物，至今我們仍未能完全認識牠們。你認識以下哪些動植物呢？

河馬

蛇

蜜蜂

白鴿

蝴蝶

狗

蚯蚓

北極熊

雞

貓

向日葵

鯊魚

種子

花朵

鴨子

植物和動物都是有生命的。

寄居蟹

兔子

蝸牛

樹葉

螞蟻

老虎

大象

樹

蜻蜓

馬

金魚

人類

青蛙

雖然動物不會說話，但牠們也能感受到痛楚，所以我們必須友善地對待牠們。

35

注意安全

生活裏隱藏了大大小小的危險，你要學習注意安全，不要讓自己受傷。

過馬路的時候，你要牽着大人的手，並利用斑馬線或行人過路交通燈過馬路，還要留意兩旁有沒有車輛駛過。

小心留意車輛！

不要觸碰電掣。

在水邊的時候要小心。

坐車的時候要扣上安全帶。

你好！

無論是在網上或在現實生活中，在跟陌生人說話之前，你必須先問問大人。

你的身體是屬於你的。

沒有人能要求你或對你的身體做一些你不願意的事情。

不要保守一些令你感到傷心或擔心的秘密。跟大人談談吧！

如果你在電腦、電話或平板電腦上看見一些令你不安的畫面，馬上遠離那些畫面，並告訴大人。

不要在鐵路邊玩耍。

遇上危急的時候，你應該要打哪個電話號碼？

1 2 3
4 5 6
7 8 9
0

如果你感到不開心或擔心，記得要跟你信任的人說。你可以跟以下的人傾訴：

- 你信任的家人
- 幼稚園的老師
- 警察
- 醫生或護士

親子唱遊

以下是一些有趣的兒歌，請爸爸媽媽和你一起唱歌吧。你還可以一邊唱，一邊按照歌詞做動作呢！

有隻雀仔跌落水

有隻雀仔跌落水，
跌落水，跌落水。
有隻雀仔跌落水，
被水沖去。

茶壺歌

我是茶壺肥又矮，
我是茶壺肥又矮，
這是壺柄，這是嘴，
這是壺柄，這是嘴，
水滾啦，水滾啦，
水滾啦，水滾啦，
沖茶啦！

一閃一閃小星星

一閃一閃小星星，
一顆一顆亮晶晶。
高高掛在天空上，
閃閃散布似鑽石。
一閃一閃小星星，
一顆一顆亮晶晶。

拍拍手

齊來唱呀跳呀請你拍拍手，
齊來唱呀跳呀請你拍拍手，
圍着手仔一起運動，
小心小心不可跌倒，
開心的一起快樂時拍拍手。

邊唱邊學

你可以用《一閃一閃小星星》的旋律，來唱這首字母歌。

這些歌曲可以讓你學習英文字母和數字，也可以在人們生日時送上祝福，快來唱唱看！

字母歌

A B C D E F G

H I J K L M N O P

Q R S T U V

W X Y Z

人人愛唱 A B C

個個高聲哼幾次

學會了這首《字母歌》，你便能認識所有英文字母了。你知道這些字母在英文字詞中的發音嗎？

數字歌

一二三，三二一，
一二三四五六七，
二三四，四三二，
四五六七八九十。

生日歌

祝你生日快樂，
祝你生日快樂，
祝你生日快樂，
祝你生日快樂。

交朋友的方法

跟朋友在一起真快樂！以下有些小提示，讓你結識更多新朋友。

如果有人看起來很傷心或孤單，你可以主動問他想不想一起玩耍。

跟別人分享你的玩具和零食，這樣他們也會與你分享。

要玩得快樂，就要對別人友善。

不！

如果你令到別人不高興，先想想自己做錯了什麼，然後跟別人說「對不起」。

如果有人欺負你或其他人，要對他們說「不」，讓他們知道你的感受，並且立刻把事情告訴大人。

輪流玩耍，大家都有機會玩，這樣才公平啊！

遇上小霸王？
有些小朋友不懂得如何交朋友，所以表現得很不友善，希望能得到大家的注意。如果有人欺負別人，你應該要告訴大人，但同時你也可以向他示範如何對人友善，和別人一起好好玩耍。

我會做的事

這裏有些很棒的活動,你可以試一試,看看自己能完成哪些項目!

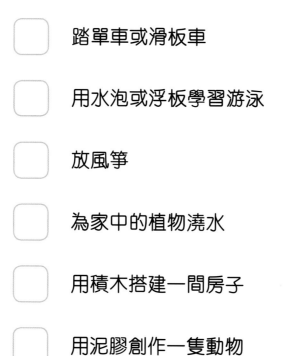

☐ 踏單車或滑板車

☐ 用水泡或浮板學習游泳

☐ 放風箏

☐ 為家中的植物澆水

☐ 用積木搭建一間房子

☐ 用泥膠創作一隻動物

☐ 玩拋接球遊戲

☐ 玩尋找顏色的遊戲

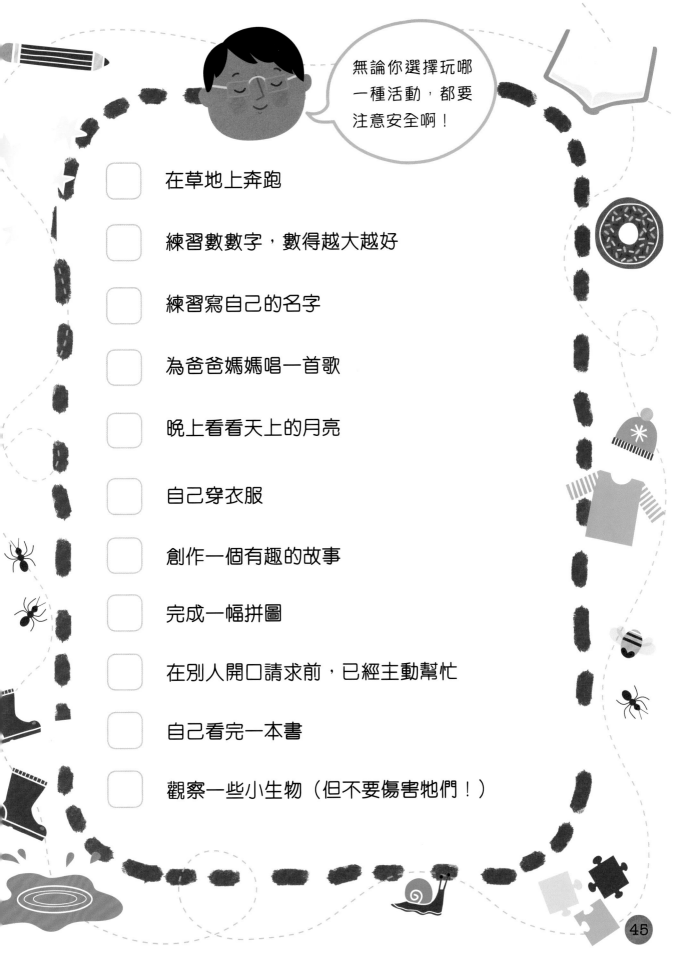

無論你選擇玩哪一種活動，都要注意安全啊！

- [ ] 在草地上奔跑
- [ ] 練習數數字，數得越大越好
- [ ] 練習寫自己的名字
- [ ] 為爸爸媽媽唱一首歌
- [ ] 晚上看看天上的月亮
- [ ] 自己穿衣服
- [ ] 創作一個有趣的故事
- [ ] 完成一幅拼圖
- [ ] 在別人開口請求前，已經主動幫忙
- [ ] 自己看完一本書
- [ ] 觀察一些小生物（但不要傷害牠們！）

你好，學校！

上學去了！學校裏有許多新奇的東西，等待你去發掘呢！

嘩，好玩的滑梯。

嘩，好大的課室。

我愛上學！

嘩，好多
小朋友。

嘩，溫柔的
校長。

嘩，親切的
老師。

跟爸爸媽媽說「再見」吧。
到了放學的時候，他們便
會來接你回家。

嘩，好多
好多玩具。

上幼稚園必學的生活知識

編　　寫：DK編輯室

繪　　圖：夏洛蒂・布爾 (Charlotte Bull)

翻　　譯：張碧嘉

責任編輯：陳志倩

美術設計：陳雅琳

出　　版：新雅文化事業有限公司

　　　　　香港英皇道499號北角工業大廈18樓

　　　　　電話：(852) 2138 7998

　　　　　傳真：(852) 2597 4003

　　　　　網址：http://www.sunya.com.hk

　　　　　電郵：marketing@sunya.com.hk

發　　行：香港聯合書刊物流有限公司

　　　　　香港新界大埔汀麗路36號中華商務印刷大廈3字樓

　　　　　電話：(852) 2150 2100　　傳真：(852) 2407 3062

　　　　　電郵：info@suplogistics.com.hk

印　　刷：中華商務彩色印刷有限公司

　　　　　香港新界大埔汀麗路36號

版　　次：二〇一八年五月初版

ISBN: 978-962-08-7033-0
Original title: STUFF TO KNOW WHEN YOU START SCHOOL
Copyright © Dorling Kindersley Limited 2018
A Penguin Random House Company
Traditional Chinese Edition © 2018 Sun Ya Publications (HK) Ltd.
18/F, North Point Industrial Building, 499 King's Road, Hong Kong
Published and printed in Hong Kong

A WORLD OF IDEAS:
SEE ALL THERE IS TO KNOW
www.dk.com

鳴謝

The publisher would like to thank the following for their kind permission to reproduce their photographs:
(Key: a-above; b-below/bottom; c-centre; f-far; l-left; r-right; t-top)
28 Dreamstime.com: Leszek Ogrodnik / Lehu (c, cr); Tracy Decourcy / Rimglow (c/Carrot); Pichest
Boonpanchua / Khumthong (br). 29 Dreamstime.com: Leszek Ogrodnik / Lehu (ca). Getty Images:
Burazin / Photographer's Choice RF (cra). 34 123RF.com: Eric Isselee / isselee (crb/Polar bear cub);
Ievgen Kovalev / genjok (cb). Dreamstime.com: Irochka (cb/Sunflower); Isselee (crb). Fotolia: Eric
Isselee (cl). 35 Dreamstime.com: Liligraphie (cl); Natalya Aksenova (tc). iStockphoto.com: Taalvi (crb)
All other images © Dorling Kindersley
For further information see: www.dkimages.com